ESSAI

SUR

LES RENONCULES

A FRUITS RIDÉS TRANSVERSALEMENT.

(RANUNCULUS. § 1. *Batrachium* D. C. Syst. I, p. 233.)

PAR M. LE DOCTEUR GODRON.

PROFESSEUR ADJ. A L'ÉCOLE SECONDAIRE DE MÉDECINE DE NANCY, ETC.

(Extrait des Mémoires de la Société royale des Sciences, Lettres et Arts de Nancy,
pour 1839.)

NANCY,

GRIMBLOT, RAYBOIS ET Cie, IMPRIMEURS-LIBRAIRES,

PLACE STANISLAS, 7, ET RUE SAINT-DIZIER, 127.

1840.

NANCY, IMPRIMERIE DE RAYBOIS ET Cie.

ESSAI

SUR

LES RENONCULES

A FRUITS RIDÉS TRANSVERSALEMENT.

(Ranunculus Sect. 1. *Batrachium.* **D. C.** Syst. t. I, p. 233.)

———————

S'il est vrai que, dans beaucoup de genres de plantes, on ait établi sur des caractères de bien peu de valeur plusieurs espèces contestables, la plupart des auteurs paraissent avoir été entraînés dans une voie opposée, lorsqu'il s'est agi des Renoncules *batraciennes*. Cette circonstance doit d'autant plus exciter l'étonnement, que ces plantes sont extrêmement communes dans toute l'Europe, et semblent, pour ainsi dire, venir s'offrir d'elles-mêmes à l'observation. Il faut peut-être rechercher la cause de cette singularité dans le grand nombre de variations que présentent les organes de la végétation de l'une des espèces les plus communes, le *Ranunculus aquatilis* ; cette circonstance a conduit la plupart des botanistes à n'attacher aucune importance, comme signe spécifique, à la configuration des feuilles, et l'on a englobé dans une seule et même espèce plusieurs formes bien tranchées, bien constantes et spécifiquement distinctes. Si l'on avait considéré que ces dernières se rencontrent souvent dans des conditions de végétation semblables à celles auxquelles sont soumises ordinairement les diverses variétés du *R. aquatilis*, sans éprouver néanmoins des variations analogues dans la forme des feuilles, on aurait été amené à bien séparer ce qui n'est que simple modification de ce qui est au contraire caractère invariable et véritablement spécifique. D'un autre part, l'étude plus approfondie des carpelles et des réceptacles serait venu confirmer pleinement ce que l'observation précédente aurait appris.

Il n'en a pas été ainsi; et, si nous consultons les annales de la botanique, nous voyons que Linné, dans ses différents ouvrages, n'admet que deux espèces de cette section, le *R. hederaceus* et le *R. aquatilis*, cette dernière renfermant quatre variétés, parmi lesquelles on recherche vainement plusieurs formes remarquables déjà signalées par des botanistes plus anciens, par Dalechamp, par Morison, par les deux Bauhin, etc. Schranck, le premier, dans sa Flore de Bavière, publiée en 1789, sépara comme espèce distincte du *R. aquatilis* de Linné le *R. divaricatus*, déjà figuré, un siècle auparavant, dans la Phytographie de Plukenet. Peu après, Thuillier établit le *R. cæspitosus*, et Lamarck, le *R. fluitans*. En 1800, M. de Candolle, dans ses *Icones plantarum Galliæ rariorum*, fit connaître le *R. tripartitus;* et, dans ces dernières années,

M. Schultz sépara du *R. hederaceus* le *R. Lenormandi*.
J'ai été assez heureux pour ajouter à cette série une nouvelle et belle espèce lorraine, le *R. Baudotii*, et deux
nouvelles espèces exotiques. J'ai cherché à bien faire
connaître toutes ces plantes par des descriptions éten-
dues, à bien préciser les caractères distinctifs qui les
séparent et à en débrouiller la synonymie.

C'est grâce à la bienveillance avec laquelle MM. Mougeot,
Soyer-Willemet et Monnier ont bien voulu mettre à ma
disposition leur herbier et leur bibliothèque, que j'ai pu
accomplir ce travail, et c'est un vrai plaisir pour moi de
leur en témoigner ici toute ma reconnaissance.

RANUNCULUS.

Sectio I. *Batrachium.*

Sectionis caracteres. — Carpella plùs minùs nume-
rosa, in capitulum globosum disposita, oblonga vel oboya-
ta, *rugis transversalibus striata,* numquam marginata, stylo
ex parte persistente breviter vel longiùs rostellata ; stylus
in fructu juniore bas'n versùs triangulari-pyramidatus
est, licet plicis tribus longitudinalibus pericarpio formatis
percursus ; plica superior in carinam superiorem fructùs
incurrit, plicæ verò laterales in carpellum obliquè vel
transversaliter decurrunt et demùm ampliatione seminis
evanescunt ; stigma oblongum stylo obliquè imponi-
tur. In fructu maturo rostellum (id est stylus) sphacela-

tum et curtatum, plerumque lateraliter compressum vi-
detur.

Petala alba cum *ungue flavo, foveolá ad basin nectari-
erá exsquamulatá donato.*

Folia varia, nunc omnia setaceo-multifida, vel lobata
sublobatave, nunc inferiora multifida cum superioribus
lobatis; omnia basi munita stipulis duabus membrana-
ceis, plùs minùs petiolo adnatis, auriculatis vel auriculá carentibus, pseudovaginas caulem amplectentes
efformantibus. Pedunculi uniflori, *oppositifolii* vel ter-
minales, primùm recti, dein versùs maturitatem carpellorum *inflexi.* Radices fibrosæ. Plantæ aquaticæ.

1. RANUNCULUS HEDERACEUS *Lin.*

R. carpellis 20-30, oblongis, parvis, glabris, super
receptaculum sphæricum glabrum dispositis. — Foliis
omnibus reniformibus sublobatis, lobulis basi latis apice
obtusis integris; stipulis petiolo longè adnatis, breviter
rotundato-auriculatis.

R. aquaticus hederaceus albus Ray. Hist. 586.

R. hederaceus flore albo parvo Tourn. Inst. 1. p. 286.

R. aquaticus hederaceus flore albo parvo Vaill. bot. 169.

R. foliis integerrimis subtrilobis Lin. H. Cliff. 231.

R. hederaceus Lin. Sp. 781. — Poll. Pal. nº 538. — Smith
Fl. Brit. 595. — Brot. Fl. Lus. 2. p. 374. —
Gmel. Fl. Bad. nº 845. — De Cand. Fl. Fr. éd.
3. v. 4. p. 894 et Syst. 1. p. 233. — Guss.

Fl. Sicul. 2. p. 57. — Rchb. Fl. exc. 718. — Hagenb. Fl. Basil. 2. p. 69. — Koch deutsch. Fl. 4. p. 147 et Syn. p. 11.

R. hederaceus var. α Thor. Chl. Land. 242.

R. hydrocharis B homoiophyllus α hederaceus Spenn. Fl. Frib. 1008.

A. VULGARIS *nob.* Foliis amplis sublobatis.

   α. *Genuinus.* Capitulis minoribus.

   β. *Macrocephalus.* Capitulis ferè duplò majoribus ac in præcedente.

B. MICROPHYLLUS. Caule minùs elongato, graciliori foliis minoribus profundiùs lobulatis.

Hab. in locis vadosis et scaturiginibus; var. A. α Parisiis (*in herb. Soyer-Willemet et Mougeot*); Vire (*Schultz Fl. gall. et germ. exs.* 2ᵉ *cent. n°* 2); in Asturiâ circà Cangas di Tineo (*Durieu pl. select. Hispano-Lusit.* § 1. *n°* 414); circà Varel (*Rchb. pl. exs. n°* 1490).

Var. A. β. Parisiis (*Thuillier in herb. Soyer-Willemet*).

Var. B. Socatz propè Burdigalam (*Herb. Soyer-Willemet et Monnier*); Parisiis (*Endress. pl. exs.* 1829); circa Algerium (*Herb. Soyer-Willemet*); propè Bipontem (*Herb. de Beaudot*).

Floret majo in æstatem.

Carpella in capitulum globosum super receptaculum sphæricum pilis destitutum aggregata, glabra, transversè rugosa, oblonga, basi lateraliter compressa, versùs carinam inferiorem latè rotundatam turgidula, carinâ superiore brevi leviter flexuosâ munita, longè suprà extremitatem externam longi diametri fructùs rostellata; rostellum sat longum, gracile, horizontaliter positum rectum vel inflexum, stigma parvum ferens, demùm versùs maturitatem carpellorum longè sphacelatum, curtatum, breve, quasi punctiforme. Stamina 6-8; antheræ oblongo-subrotundæ. Petala minima, oblonga, obtusiuscula, tribus venis aquosis notata, calyci ferè æqualia, in var. B. perspicuè longiora. Sepala elliptica, obtusa, viridia, sed margine albo-scariosa, glabra, patula. Pedunculus glaber, brevis, sat crassus, tener, primùm rectus, deìn incurvatus. — Folia omnia natantia, longè petiolata, lætè viridia, in medio sæpè maculâ fusco-nigricante notata, succulenta, exactè reniformia, quinque lobulis latissimis apice integris obtusis et quasi depressis munita, omninò glabra. Stipulæ oblongæ albidæ diaphanæ, pilis destitutæ, petiolo longè adnatæ, apice breviter rotundato-auriculatæ. Caulis repens, levis, ramosus, fragilis, fibrillis radicalibus longis oppositifoliis terræ adfixus.

Rem. 1. — On trouve quelquefois, vers le milieu des tiges, des feuilles opposées; alors le pédoncule naît à l'aisselle d'une de ces feuilles et se trouve opposé à l'autre. Je n'ai pas observé cette disposition dans les autres espèces de la section.

Rem. 2. — Le bec des carpelles présente à sa base, dans le fruit encore jeune, trois plis, prolongements du péricarpe, qui lui donnent la forme d'une pyramide triangulaire; le pli supérieur se prolonge sur la carène

supérieure du carpelle ; les deux plis latéraux sont obliquement décurrents sur les faces latérales du fruit jusqu'à la rencontre de la carène inférieure ; ces plis se dé-
doublent plus tard, par suite du développement de la
graine, et n'existent plus à l'époque de la maturité.

Rém. 3. — Dans la var. B *microphyllus* les feuilles
semblent intermédiaires entre celles du type et celles
du *R. Lenormandi* ; mais la forme et la position du bec
des carpelles, ainsi que les caractères tirés des stipules
doivent certainement faire rapporter cette variété au *R.
hederaceus.*

2. Ranunculus Lenormandi *Schultz.*

R. carpellis 10-30, obovatis, mediocribus, glabris,
super receptaculum sphæricum glabrum dispositis. —
Foliis omnibus reniformibus, in medium usquè trifidis ;
lobo medio obtusè tridentato, lateralibus quadridentatis ; stipulis petiolo breviter adnatis, apice longè latè-
que auriculatis.

R. hederaceus Dalechampii. Dalech. Lugd. 1031. f. 2. —
Moris. Hist. 2 p. 441. § 4, t. 29. f. 29
(capitulis carpellorum malè depictis).
R. aquaticus hederaceus luteus (1) C. Bauh. Pin. 180.

(1) La fleur n'est pas jaune, comme l'indique Caspard Bauhin,
mais blanche ; c'est une erreur copiée dans Dalechamp et déjà
signalée par Morison.

(8)

R. hederaceus rivulorum, etc. J. Bauh. Hist. 3. p.
782. f. 2.

R. hederaceus Poir. Encycl. méth. 6. p. 130.

R. Lenormandi Schultz in Fl. oder alleg. bot. Zeitung,
1837, p. 727.

Hab. in aquis stagnantibus non profundis et rivulis
lentè fluentibus circà Vire (*Lenormand in herb. propr.*);
Falaise (*de Brebisson in herb. Mougeot*); propè Dax (*in
herb. Soyer-Willemet et Monnier*); in Asturiâ (*Durieu pl.
select. Hispano-Lus.* § 1. *n°* 415 *sub nomine* **R.** *hederacei
var. ??*).

Floret aprili in autumnum.

Carpella in capitulum globosum super receptaculum
sphæricum pilis destitutum aggregata, glabra, transversè
rugosa, obovata, basi vix compressa, æqualiter turgidula,
carinâ superiore convexiusculâ, inferiore verò convexâ
munita, ferè ad extremitatem externam longi diametri
fructûs rostellata; rostellum breve, versùs basin crassum,
horizontaliter positum, apice uncinatum, stigma parvum
compressiusculum obtusum ferens, demùm ad maturitatem carpellorum breviter sphacelatum et vix curtatum.
Stamina 8-10; antheræ oblongæ. Petala parva, obovato-
cuneata, 5-7 venis aquosis donata, calyce duplò longiora.
Sepala oblonga, obtusa, viridia, sed margine albo-scariosa, glabra, reflexa. Pedunculus glaber, crassiusculus,
petioli longitudinem æmulans, primùm rectus, deìn incurvatus.—Folia omnia natantia, longè petiolata, lætè viridia, crassiuscula, coriacea, reniformia, basi profundiùs

emarginata ac in præcedente, in medium usquè trifida cum lobo intermedio versùs apicem obtusè tridentato et lateralibus quadridentatis vel subbilobis, glabra. Stipulæ elongatæ, albidæ, diaphanæ, pilis destitutæ, basi breviter petiolo adnatæ , auriculâ longâ obtusiusculâ donatæ. Caulis longè protensus, repens, sulcatus, ramosissimus, fibrillis radicalibus longis oppositifoliis terræ adfixus.

Rem. 1. — Cette plante fut prise d'abord par des botanistes distingués pour le *R. tripartitus β obtusiflorus D. C.*, dont elle a les fleurs ; mais, comme le fait remarquer M. Schultz (*loc. cit.*), elle a plus de rapports avec le *R. hederaceus.* Ses feuilles et ses carpelles la distinguent suffisamment de l'une et de l'autre.

Rem. 2. — Le bec des carpelles présente à sa base , avant le développement complet du fruit , trois plis semblables à ceux que nous avons observés dans le *R. hederaceus* ; toutefois, dans le *R. Lenormandi,* les deux plis latéraux se prolongent bien plus obliquement sur les faces latérales du fruit.

3. Ranunculus tripartitus *D. C.*

R. carpellis 10-15, obovatis, minimis, glabris, super receptaculum sphæricum pilosum dispositis. — Foliis inferioribus tenuissimè capillaceo-multifidis, superioribus cuneato-tripartitis, exactè peltatis, partitione mediâ obtusè tridentatâ, lateralibus bifidis lobisque bidentatis;

2

stipulis petiolo breviter adnatis longè et acutiusculè auriculatis.

A. MICRANTHUS *D. C.* *(Syst. t. 1. p. 234)* Petalis oblongis
acutiusculis calycis longitudine.
R. hederaceus β. Thor. Chl. Land. 242.
R. tripartitus D. C. Ic. pl. Gall. rarior. p. 15. t. 49
et Fl. Fr. éd. 3. v. 5. p. 637.—Guss.
Fl. Sicul. t. 2. p. 58. — Mérat Fl.
Par. éd. 3. t. 2. p. 414.

B. OBTUSIFLORUS *D. C.* Petalis obovatis obtusis calyce longioribus.
• *Gracilis :* Caule gracili ; foliis parvis ; stipulis angustis ; petalis calyce duplò longioribus.
β. *Pinguis :* Caule crassiusculo ; foliis pollicem unum
æquantibus ; stipulis latioribus ; petalis
calyce triplò longioribus.

Hab. in paludosis et scaturiginibus ; var. A propè
Andegavum *(Guépin in herb. Soyer-Willemet)* et Nannetem
(Pesnau in herb. de Baudot) ; Var. B. α propè Fontem
bellaqueum *(Maire in herb. Soyer-Willemet)*, in agro Syr-
tico propè St-Sever *(L. Dufour in herb. Mougeot)* ; var.
B. β. propè Perpinianum *(Rivière in herb. de Baudot)*.
Floret.... ?
Carpella in capitellum globosum super receptaculum
sphæricum pilis albis rigidis brevibus obsitum aggre-
gata , transversè rugosa, pilis quibusdam fragilibus in

statu juniore instructa , matura omninò glabra , obovata, turgida, carinâ superiore convexiusculâ donata , infe- riore valdè convexâ , paulò suprà extremitatem exter- nam longi diametri fructùs rostellata ; rostellum longum , gracile , horizontaliter positum , sed à mediâ parte recurvum , stigma tenue obtusiusculum ferens, demùm versùs maturitatem carpellorum à medio sæpè sphace- latum et curtatum. Stamina 10-12 ; antheræ oblongæ. Petala in var. A minima, acutiuscula, venis tribus aquosis percursa , calyci æqualia; in var. B ampliora , obovato- cuneata obtusa, 7-9 venosa, calyce longiora. Sepala oblon- ga , obtusa, margine latissimè scariosa, extùs villosa, re- flexa. Pedunculus gracilis , folio paulò longior, patenter pilosus , primùm rectus , dein incurvatus. — Folia in- feriora capillaceo-multifida cum laciniis primariis se- cundariisque trichotomis et omnibus tenuissimis mollibus patulis ; superiora cuneato-tripartita , exactè peltata , partitione mediâ obtusè tridentatâ , lateralibus bifidis lobisque bidentatis ; omnia petiolata , lætè viridia et in paginâ inferiore pilis patentibus obtecta. Stipulæ cum petiolo villosæ, elongatæ, albidæ, diaphanæ, basi breviter petiolo adnatæ , apice longè et acutiusculè auriculatæ. Caulis ½-1 ped. longus , fluitans , leviter sulcatus , paulùm ramosus , fibrillis radicalibus opposi- tifoliis infernè sæpè præditus.

Rem. — M. Koch (*Deutsch. Fl. 4. p.* 151) considère la plante donnée par Nolte (*Novit. Fl. Holsat. p.* 51), sous le nom de *R. tripartitus* et trouvée par lui en

Holstein, comme étant la même que le *R. tripartitus D. C.* Mais M. Koch avoue qu'il n'avait pas vu alors la plante de Nolte et qu'il ne possédait que des échantillons incomplets de celle de M. de Candolle. Dans le *Synopsis* (*p.* 11), il indique le *R. tripartitus Nolt.* comme synonyme de son *R. aquatilis δ tripartitus*, et comme différent du *R. tripartitus α micranthus D. C.* Depuis, ce célèbre botaniste a modifié son opinion sur ces plantes; j'en ai la preuve dans une lettre datée du 18 mars 1838, postérieure, par conséquent, à la publication du *Deutschland Flora* et du *Synopsis*, et adressée par lui à notre savant cryptogamiste, M. le docteur Mougeot, qui a bien voulu me la communiquer. M. Koch observe, dans cette lettre, que le nom de *R. tripartitus* a été donné à quatre plantes différentes, qu'*il regarde comme espèces.* « La première, dit-il (je traduis littéra-
» lement), celle qui doit conserver le nom de *R. tripar-*
» *titus* est la var. α *micranthus* du *R. tripartitus D.*
» *C. Syst.* 1. *p.* 234; j'en possède un exemplaire (1)
» qui porte fleurs et fruits, et qui vient de Fon-
» tainebleau. La seconde espèce est le *R. tripartitus*
» β *obtusiflorus* « *foliis immersis ferè nullis* » *D. C.*
» *loc. cit.*; mais, suivant M. Schultz, elle n'a jamais
» de feuilles submergées. Je ne doute pas que sous
» cette variété de D. C. ne doive se placer le *R.*

(1) Un petit croquis de cet échantillon, que M. Koch ajoute à sa lettre, ne laisse aucun doute sur cette plante; c'est bien le *R. tripartitus α micranthus D. C.*

(13)

» *Lenormandi* de Schultz. Mais M. de Candolle y a
» réuni une fausse citation , savoir : *Water Crowfoot*
» *Petiv. engl. herb.*, *t.* 39, *f.* 1. Cette dernière plante a
» des feuilles submergées , comme les *R. tripartitus α* et
» *aquatilis* ; mais elle forme une espèce propre que M. le
» professeur Nolte a trouvée à Schlesvig et qu'il décrit,
» sous le nom de *R. tripartitus*, dans ses *Novitiæ Fl. Hols.*
» Je possède quelques exemplaires de lui ; cette espèce
» serait la troisième. La quatrième est la var. *tripartitus*
» du *R. aquatilis.* » J'ai cru devoir citer textuellement
cette lettre , parce qu'elle confirme l'idée première qui
m'a engagé à entreprendre ce travail, savoir, que l'on
confondait à tort dans la section des *Batrachium* plusieurs
espèces réellement distinctes. Mais elle me semble ren-
fermer une erreur que je dois signaler. M. Koch ne possédait pas sans doute d'échantillons authentiques du
R. tripartitus β *obtusiflorus D. C.;* car il ne l'eût pas réuni
au *R. Lenormandi Schultz*, dont il diffère spécifiquement.
M. de Candolle fait observer *(loc. cit.)* à la vérité que sa
variété *obtusiflorus* rappelle le *R. hederaceus* par l'absence
presque complète de feuilles submergées : cela est
vrai pour la plante de Fontainebleau sur laquelle on
ne trouve qu'un bien petit nombre de feuilles finement
découpées; encore leurs divisions sont-elles plus courtes.
Mais ce n'est pas là un caractère assez important pour
séparer cette plante de la *var. micranthus*, dont elle a
tout à fait les feuilles supérieures, les stipules , les ca-
lices et les fruits, et la réunir au *R. Lenormandi*, dont

elle diffère beaucoup , comme on peut s'en assurer par l'examen de nos fig. II et III. Du reste, le petit nombre de feuilles submergées que présente ordinairement le *R. tripartitus β obtusiflorus* n'est qu'une chose tout à fait accidentelle, et qui provient sans doute du peu de profondeur de l'eau dans laquelle il croît à Fontainebleau ; car j'ai vu dans l'herbier de M. Mougeot un échantillon bien complet de cette variété , communiqué par M. L. Dufour et recueilli par lui dans les Landes (St. Sever), sur lequel on remarque un grand nombre de feuilles finement découpées, dont les divisions sont aussi longues et aussi nombreuses que dans la figure donnée par M. de Candolle, dans ses *Icones pl. Gall. rar.*, de sa variété *micranthus.* Cette plante des Landes est, si l'on excepte cette circonstance et la plus grande longueur de ses tiges, tout à fait identique au R. *tripartitus β obtusiflorus* de Fontainebleau.

Quant au *R. tripartitus Noll.*, je ne connais pas du tout cette plante ; elle constitue sans doute encore une nouvelle espèce à ajouter à celles que je décris.

4. RANUNCULUS BAUDOTII *Nob.*

R. carpellis circiter 100 , oblongo-obovatis, parvis, glabris , super receptaculum ovato-conicum pilosum densè aggregatis.—Foliis inferioribus setaceo-multifidis, superioribus profundè trilobatis, lobis flabellatis 3-4 partitis; stipulis petiolo adnatis, ferè exauriculatis.

Hab. : In rivulis propè Sarrebourg detexit sedulus Lotharingiæ plantarum investigator de Baudot, eique dicavi.

Floret junio.

Carpella valdè numerosiora quam in aliis speciebus, in capitulum magnum ovato-globosum super recepta- culum ovato-conicum pilosum densè aggregata, trans- versè rugosa, glabra, turgidula, oblongo-obovata, sed basin versùs angustata et quasi cuneata cum carinâ superiore ferè rectâ, longè suprà extremitatem externam longi diametri fructùs rostellata; rostellum longum, gra- cile, obliquè adscendens, sed à mediâ parte recurvum, stigma ligulatum ferens, demùm versùs maturitatem carpellorum à medio sphacelatum et curtatum. Stamina 12-15; antheræ oblongæ. Petala venis aquosis numero- sis percursa, obovato-cuneata, sat magna, calyce duplò longiora. Sepala oblonga, obtusa, viridia, margine angustè scariosa, glabra, patula, demùm reflexa. Pedunculus validus apice sensìm attenuatus, folio duplò longior, primùm rectus, dein incurvatus. — Folia inferiora ses- silia vel breviter petiolata, multifida cum laciniis pri- mariis trichotomis et omnibus setaceis patulisque; su- periora longè petiolata, lætè viridia, molliuscula, profundè trilobata, lobis flabellatis, triangularibus, sæpè petiolulatis, apice 3-4 partitis; folia omnia pilis destituta. Stipulæ glabræ, superiores verò sæpè margine ciliatæ, obsoletè fuscæ, vix diaphanæ, oblongæ, pe- tiolo adnatæ, omninò exauriculatæ vel superiores bre-

vissimâ auriculâ donatæ. Caulis ¹/₂-1 ped. longus, validus, sulcatus, ramosissimus, maximè foliosus, fluitans,
sed basi reptans et fibrillis radicalibus oppositifoliis
terræ adfixus.

Rem. — Cette plante est certainement une espèce distincte du *R. tripartitus D. C.* et du *R. aquatilis Lin.*, entre
lesquels elle se trouve placée. Elle s'en éloigne, ainsi
que de toutes les autres Renoncules de cette section, par
des caractères nombreux et importants et nous paraît
être une des espèces les plus solidement établies. Nulle
autre ne nous présente un réceptacle allongé sur lequel
se trouvent aggregés un aussi grand nombre de carpelles; ceux-ci ont également une forme qui leur est
propre, forme difficile à décrire, mais que la figure que
nous en donnons fera saisir facilement. Le bec offre sur
les côtés deux plis saillants qui se prolongent transver-
salement sur les faces latérales des carpelles, en circonscrivent pour ainsi dire l'extrémité externe, et per-
sistent souvent jusqu'à la maturité des fruits. Les feuilles
supérieures ne sont jamais peltées comme dans le *R.
tripartitus D. C.*, ni creusées en cœur à leur base comme
dans le *R. aquatilis Lin.*, ni même simplement émargi-
nées comme dans les *R. hederaceus* et *Lenormandi*. Les
divisions sétacées des feuilles inférieures ne se réunissent
pas en pinceau lorsqu'on les retire de l'eau, ainsi que
nous le voyons dans le *R. aquatilis*, et ne divergent pas
aussi fortement à beaucoup près que dans le *R. divaricatus*.

5. RANUNCULUS AQUATILIS *Lin.*

R. carpellis circiter 40, obovatis, magnis, plùs minùs hirtis, super receptaculum sphæricum pilosum aggregatis.—
Foliis nunc conformibus, scilicet omnibus setaceo-multifidis cum laciniis flaccidis nec succulentis, vel omnibus
reniformibus 3-5 lobatis; nunc partìm setaceo-multifidis
partìmque reniformibus lobatis ; stipulis petiolo longè adnatis, rotundato-auriculatis.

A. TERRESTRIS *nob.* Caulibus aquâ emersis, brevibus, rectis,
        cæspitosis; foliis omnibus reniformibus lobato-
        dentatis.
    R. aquatilis A hederaceus Mér. Fl. Par. 3ᵉ éd. 2. p. 414.

B. AQUATICUS HETEROPHYLLUS *nob.* Caulibus plùs minùs elon-
        gatis, partìm immersis, partìm fluïtantibus ;
        foliis inferioribus setaceo-multifidis, superiori-
        bus lobatis.
    R. aquaticus hepaticæ facie Lob. Hist. 497. f. 2. — Mo-
        ris. Hist. 2. p. 442. §. 4. t. 29. f. 31.
    R. aquatilis Dod. Pempt. 587. f. 2.
    R. fluviatilis Tab. ic. 54. f. 2.
    R. aquatilis albus tenuifolius J. Bauh. Hist. 3. p. 781.
        f. 1 (petala octo tabula exprimit).
    R. aquatilis Ray. Hist. 586.
    R. aquatilis albus Barr. ic. p. 57. t. 565 (optima).
    R. aquaticus folio rotundo et capillaceo Tourn. Inst. 291.
    R. aquatilis Lin. Fl. Lapp. nᵒ 234.

(18)

R. aquatilis β Lin. Fl. Suec. n° 509.

R. aquatilis α Lin. Sp. 781, — Poll. Pal. n° 539. —
        Smith. Fl. Brit. 2. p. 596. — Poir. En-
        cycl. méth. 6. p. 131.

R. fluitans petiolis unifloris α Hall. Helv. n° 1163.

R. aquatilis Thuill. Fl. Par. éd. 2. p. 278.

R. heterophyllus Willd. Fl. Berol. n° 590. — Crome in
        Hoppe bot. Tasch. 1802. p. 21. — Brot.
        Fl. Lusit. 2. p. 374. — Pers. Syn. 2. p.
        106.

R. aquatilis var. heterophyllus D. C. Fl. Fr. éd. 3. v. 4
        p. 894, et Prod. 1. p. 26. — Rchb. Fl.
        exc. 719. — Wallr. Sched. 282. — Kunth
        Fl. Berol. p. 14 (excl. syn. R. tripartitus
        D. C.).

α. *Pseudo-peltatus nob.* Foliis superioribus basi in medium usquè cordatis, lobato-dentatis et quasi peltatis.
    R. peltatus Schranck Baier. Fl. 2. p. 103. — Mœnch.
        Meth. 213.
    R. aquatilis var. peltatus D. C. Syst. 1. p. 235. —
        Koch Deutsch. Fl. 4. p. 150 et Syn.
        p. 11.
    R. Hydrocharis A heterophyllus β peltatus Spenn.
        Fl. Frib. 1008.
    R. aquatilis, forma primaria Peterm. Fl. Lips. 410.

β. *Reniformis nob.* Foliis superioribus exactè reniformibus, lobato-dentatis, basi cordatis, non peltatis.
    R. aquatilis α heterophyllus D. C. Syst. 1. p. 234.

(19)

R. Hydrocharis A heterophyllus α vulgaris Spenn.
Fl. Frib. 1008.

γ. *Quinquelobus Koch*. Eadem planta ac præcedens, sed
lobis foliorum superiorum integris, non dentatis.
R. diversifolius Schranck Baier. Fl. 2. p. 103.
R. aquatilis var. quinquelobus Koch Deutsch. Fl. 4.
p. 150. — Peterm. Fl. Lips. 410.

δ. *Truncatus Koch. Syn*. 11. Foliis superioribus basi
truncatis, leviter emarginatis.

ε. *Tripartitus Koch*. Foliis superioribus usquè ad basin
trisectis, lobis triangularibus; sæpè petiolulatis, apice
bifidis lacerisve.
R. aquatilis var. tripartitus Koch Deutsch. Fl. 4.
p. 150.

C. AQUATICUS HOMOIOPHYLLUS *nob*. Caulibus plùs minùs elon-
gatis, immersis; foliis omnibus setaceo-mul-
tifidis.
R. aquaticus capillaceus C. Bauh. Pin. 180. — Tourn.
Inst. 291. — Moris. Hist. 2. p. 442. § 4.
t. 29. f. 32.
R. aquatilis omninò tenuifolius J. Bauh. Hist. 3. p.
781. f. 2. — Ray. Hist. 586.
R. aquaticus albus fœniculifolio Barr. ic. p. 57. t. 566.
R. aquatilis γ. Lin. Sp. 782.
R. Nº 1162 var. α Hall. Helv. 2. p. 69.
R. divaricatus Mœnch Meth. 214.
R. capillaceus Thuill. Fl. Par. éd. 2. p. 278. — Crome

in Hoppe bot. Tasch. 1802. p. 24. — Pers.
Syn. 2. p. 106 (excl. var. β).

R. aquatilis var. capillaceus D. C. Fl. Fr. éd. 3. v. 4. p.
894. — Wallr. Sched. 282. — Rchb. Fl.
exc. 719. — Peterm. Fl. Lips. 410.

R. pantothrix α capillaceus D. C. Syst. 1. p. 235.

R. aquatilis δ homoiophyllus Koch Deutsch. Fl. 4.
p. 151.

R. aquatilis ε pantothrix Koch Syn. p. 11.

R. aquatilis β capillifolius Kunth Fl. Berol. 1. p. 15.

Hab. vulgatissimè in aquis fluentibus et quietis circà Nanceium et per totam Galliam ; var. A propè Hagenoam à Cl. de Baudot et in locis humidis salsis propè Dieusam ab amiciss. Monnier detecta et collecta fuit.

Floret junio-augusto.

Carpella in capitulum globosùm super receptaculum sphæricum pilis albis longioribus obtectum aggregata, transversè rugosa, plùs minùs hirta, obovata, turgida, carinâ superiore convexiusculâ inferioreque valdè convexâ munita, longè suprà extremitatem externam longi diametri fructûs rostellata ; rostellum mediocre, crassum, obliquè adscendens, apice uncinatum, stigma latè spathulatum compressum ferens, demùm versùs maturitatem carpellorum breviter sphacelatum, curtatum, lateraliter compressum. Stamina 15-20, pistillis longiora ; antheræ oblongæ basi attenuatæ. Petala obovato-cuneata, plerumque speciosa, 9-11 venis aquosis donata, vel minora 5-7 venosa, calyce duplò triplòve longiora. Sepala

oblonga, obtusa, viridia, margine latè scariosa, glabra, extùs scabriuscula, patula. Pedunculus plùs minùs
elongatus, validus, apice verò paululum attenuatus,
folio longior, primùm rectus, dein incurvatus.—Folia
maximè variant : in var. A omnia petiolata, approxi-
mata, reniformia, 3-5 lobata dentataque. In varietatibus
aquaticis B et C, folia inferiora plerumquè sessilia, vel
breviter petiolata, dissecta in laciniis flaccidis, non succulentis, primariis trichotomis, summis acutiusculis et
apice sæpè ciliatis; superiora petiolata, vel conformia
et submersa, undè var. C (*Aquaticus homoiophyllus*) ori-
ginem ducit, vel var. B (*Aquaticus heterophyllus*) effor-
mant et tunc longè petiolata, natantia, lætè viridia,
lata, lobata, coriacea sunt et pro formâ limbi nume-
rosis modificationibus ludunt, inter quas sequentes
formæ distinguuntur : 1° α *pseudo-peltatus* : folia natantia
circumscriptione plerumquè subrotundata, basi in medium usquè cordata cum marginibus emarginaturæ plùs
minùs approximatis, et indè ferè peltata, ultrà medium
3-5 lobata, lobo medio obtusè tridentato, lateralibus
bidentatis; 2° β *reniformis* : folia natantia circumscriptione
reniformia, basi cordata cum marginibus emarginaturæ
valdè divaricatis, cæterùm similiter lobata et dentata
ac in præcedente; 3° γ *quinquelobus* (*nomen infaustum*) :
eadem forma ac præcedens, sed lobi foliorum integri,
nec dentati; 4° δ *truncatus* : folia natantia basi truncata,
sed leviter versùs petioli insertionem emarginata, lobata
dentataque; 5° ε *tripartitus* : forma minor ; folia natantia

usquè ad basin trisecta in lobis triangularibus, flabellatis, sæpè petiolulatis, apice latis et irregulariter in-
cisis; in foliis natantibus inferioribus aliquotiès unus vel
uterque lobus lateralis in lacinias setaceo-multifidas
evadit. Variat insuper var. B (*Aquaticus heterophyllus*), sed
rariùs, foliis superioribus et inferioribus setaceo-multifidis, mediis reniformibus lobatis. Istæ modificationes
aliæ in alias variè transeunt et in omnibus plerùmquè
folia sunt subtùs adpressè-pilosa. Stipulæ pariter pilosæ
et margine ciliatæ, fuscæ ; inferiores emarcidæ, mediæ
oblongæ apice rotundato-auriculatæ, superiores amplis-
simæ, omnes longè petiolo adnatæ. Caulis plùs minùs
elongatus, quandoquè 20 pedes æquans, in parte inferiore
gracilis, sensìm in superiore validior, sulcatus, ramosus,
remotè foliosus, immersus vel partìm fluitans et fibrillis
radicalibus oppositifoliis quibusdam basi munitus, vel
rariùs terrestris, brevis, rectus, valdè foliosus.

Rem. 1.—Nulle autre espèce ne présente un stigmate
aussi large: cet organe est court, presque spatulé ; le
bec dans le jeune âge est concave inférieurement vers sa
base et présente deux plis latéraux qui se prolongent
obliquement sur les faces latérales des carpelles et disparaissent de bonne heure.

Rem. 2. — La var. C. *homoiophyllus* ne peut être
séparée du R. *aquatilis* comme espèce distincte, ainsi
que l'a fait M. de Candolle dans le *Syst. t. 1, p.* 234 :
les fruits, les fleurs, les stipules de ces deux plantes
sont identiques; de plus, sur un échantillon recueilli

aux environs de Genève et que je possède en herbier, on voit sur plusieurs rameaux fleuris des feuilles qui toutes sont finement découpées comme dans la var. C *homoiophyllus*, tandis que sur les autres rameaux les feuilles supérieures sont semblables à celles de la var. B *heterophyllus*. M. Soyer-Willemet possède également un échantillon de Nancy sur lequel on remarque la même disposition. Enfin certaines formes de la variation ε *tripartitus* forment le passage entre les deux variétés.

6. RANUNCULUS CÆSPITOSUS *Thuill.*

R. carpellis 25-30, obovatis, parvis, glabris, super receptaculum sphæricum pilosum aggregatis. — Foliis omnibus bi-trichotomè multifidis, laciniis subteretibus succulentis; stipulis latis usquè ad mediam partem petiolo adnatis, apice rotundato-auriculatis. — Plantâ cæteris multò humiliore, omninò ex aquis emersâ.

R. cæspitosus Thuill. Fl. Par. éd. 2. p. 279.

R. pumilus Poir. Encycl. méth. 6. p. 133.

R. capillaceus β cæspitosus et R. pumilus Pers. Syn. 2. p. 106.

R. pantothrix β cæspitosus D. C. Syst. 1. p. 236 (ex parte; exclud. syn. Pluck., Hall., Pers., Sibth.)

R. aquatilis var. abrotanifolius Wallr. Sched. 283.

R. Hydrocharis B homoiophyllus γ cæspitosus Spenn. Fl. Frib. 1008.

R. aquatilis var. succulentus Koch. Deutsch. Fl. 4, p.
151 et Syn. p. 11.-— Peterm. Fl. Lipsi. 411.

Hab. in locis limosis et glareosis hyeme inundatis
propè Nanceium, Sarrebourg *(de Baudot)*, Argentoratum;
circà Bernam *(Seringe in herb. Monnier)*.

Floret majo, junio.

Carpella in capitulum globosum super receptaculum
sphæricum pilis longis albis obsitum aggregata, transversè rugulosa, glabra, obovata cum carinâ utrâque
convexâ, turgidula, paulò suprà extremitatem externam
longi diametri fructûs rostellata; rostellum mediocre,
versùs basin crassum, obliquè adscendens et à mediâ
parte recurvum, stigma oblongum parvum obtusum
ferens, demùm ad maturitatem carpellorum longè sphacelatum et curtatum, breve, lateraliter compressum. Stamina 15-20, pistillorum longitudinem æmulantia; antheræ
oblongæ. Petala obovato-cuneata, plerumquè parva, 3-5
venis aquosis percursa, calyce duplò longiora. Sepala
oblonga, viridia, margine scariosa, glabra, patula. Pedunculus brevis, folió tamen longior, sat crassus, primùm
rectus, deìn incurvatus. — Folia omnia petiolata, lætè
viridia, multifida, laciniis primariis et secundariis trichotomis, summis apice obtusis et sæpè ciliatis; omnibus
setaceis brevioribus subteretibus succulentis, divaricatis.
Stipulæ glabræ, sed margine obsoletè ciliatæ, albidæ,
diaphanæ, latæ et quasi ventricosæ, usquè ad mediam
partem petiolo adnatæ, apice rotundato-auriculatæ.

Caulis semper brevis, sæpè uno vel sesquipollice longus, sulcatus, rectus, ramosus, foliis valdè approximatis cæspitosus, omninò ex aquis emersus, basi terræ humectatæ radicibus fibrosis terminalibusque adfixus.

R**EM**. 1. — On observe aussi dans cette espèce , bien avant la maturité du fruit , deux plis qui sont situés latéralement à la base du bec , et qui se prolongent obliquement sur les faces latérales des carpelles et disparaissent bientôt.

R**EM**. 2. — La plante que nous décrivons sous le nom de *R. cæspitosus* est considérée par presque tous les auteurs comme appartenant, à titre de simple variété, à l'espèce précédente, modifiée dans son port , dans la forme de ses feuilles , par la nature différente du fluide, dans lequel la plante est plongée. Cette opinion nous semble inadmissible. Si elle était vraie , on trouverait certainement des individus qui, placés dans des circonstances intermédiaires , tendraient à réunir les deux espèces par des caractères tenant à la fois de l'une et de l'autre; et c'est en effet ce qui existe pour les variétés et toutes les variations qne nous avons admises dans le *R. aquatilis*. Mais il n'en est pas ainsi pour le *R. cæspitosus*, qui se montre constamment avec des caractères distinctifs bien tranchés. Il suffit de jeter un coup d'œil sur la description et les figures que nous donnons de ces deux espèces, pour qu'il reste évident que presque tous les organes, tant ceux de la végétation que ceux de la fructification , présentent des différences trop impor-

tantes pour qu'on puisse réunir ces deux formes de Re
noncules en une seule et même espèce. Nous ferons de
plus remarquer que, dans le *R. aquatilis*, les feuilles
qui nagent à la surface de l'eau et sont en contact immé-
diat avec l'air, ont constamment leur limbe élargi et
simplement lobé. Comment comprendre alors que le
R. cœspitosus, plongé tout entier dans l'air, ne présente
jamais aucune feuille de ce genre ? Toutes ses feuilles
devraient être certainement réniformes-lobées, si cette
plante n'était qu'une variété du *R. aquatilis*, et c'est en
effet ce qui a lieu dans cette dernière espèce lorsqu'elle
croît complétement hors de l'eau et forme notre var.
A. *terrestris*.

7. RANUNCULUS DIVARICATUS *Schranck*.

R. carpellis 30-40, oblongis, parvis, hirtis, super
receptaculum sphæricum pilosum densè aggregatis. —
Foliis omnibus pedato-multifidis, circumscriptione orbiculatis, laciniis setaceis, rigidè patulis, non succulentis; stipulis abruptè angustatis, petiolo adnatis,
exauriculatis.

> R. aquaticus albus circinnatis tenuissimè divisis foliis
> Pluk. Phyt. p. 311. t. 55. f. 2. — Vaill.
> Par. 171.
> R. aquatilis β Lin. Sp. 781.
> R. Nº 1162 var. β Hall. Helv. 2 p. 69.

R. divaricatus Schranck Baier. Fl. 2. p. 104.

R. rigidus Crome in Hopp. bot. Tasch. 1802. p. 22. —
Pers. Syn. 2. p. 106.

R. aquaticus var. B Poir. Encycl. méth. 6. p. 131.

R. aquatilis γ Smith Fl. Brit. 596.

R. aquatilis β cæspitosus D. C. Syst. 1. p. 236 (ex
parte ; excl. syn. Thuill et Poir,).

R. stagnatilis Wallr. Sch. 285 (excl. syn. Thuill. et
Poir.).

R. Hydrocharis B homoiophyllus δ stagnalis Spenn.
Fl. frib. 1009.

R. circinnatus Rchb. Fl. exc. 719 (excl. syn. Thuill.
et Poir.).

R. divaricatus Koch. Deutsch. Fl. 4. p. 152 et Syn. 12
— Peterm. Fl. Lips. 411 (excl. syn. Thuill.
et Poir.).

R. rigidifolius Kunth Fl. Berol. 1. p. 15 (excl. syn.
Thuill. et Poir.).

Hab. in aquis quietis propè Nanceium, Argentoratum
in herb. Mougeot), Virdunum (*Montagne in herb. Soyer-
Willemet*), Græum (*in herb. Monnier*).

Floret junio, julio, augusto.

Carpellâ in capitulum globosum super receptaculum
sphæricum pilis obsitum congesta, transversè rugulosa,
hirta, oblonga cùm carinâ superiore ferè rectâ inferioreque convexâ, basi et apice lateraliter compressa et
in rostellum quasi attenuata ; rostellum longè suprà
extremitatem externam longi diametri fructûs positum,

longum, versùs basin crassum, obliquè adscendens et à
mediâ parte recurvum, stigma longum lineare obtusum
ferens, demùm antè maturitatem carpellorum à medio
sphacelatum et curtatum, sat longum, compresso-coni-
cum. Stamina 15-20, pistillis longiora; antheræ oblongæ,
basi attenuatæ. Petala sat magna, obovato-cuneata,
9-11 venis aquosis percursa, calyce duplò triplòve longiora. Sepala oblonga, obtusa, viridia, margine scariosa, glabra, patula. Pedunculus folio multò longior,
primùm rectus, deìn incurvus. — Folia omnia sessilia,
parva, multifida cum laciniis primariis pedatis et omnibus tenuissimè setaceis, brevibus, acutiusculis, æneo-
viridibus, rigidè divaricatis et in orbem exactè dispositis.
Stipulæ pilosiusculæ et margine ciliatæ, fuscæ, parvæ,
basi caulem amplectentes, mox abruptè angustatæ, petiolo adnatæ, exauriculatæ. Caulis 1-3 pedibus longus,
gracilis, dilutiùs virescens, sulcatus, vagè ramosus,
remotè foliosus, immersus et fibrillis radicalibus oppositifoliis quibusdam basi munitus.

Rem. 1. — On remarque sur les fruits encore jeunes
deux plis du péricarpe qui, de la base du bec, se prolongent obliquement sur les carpelles.

Rem. 2. — Les feuilles, lorsqu'on sort la plante de
l'eau, ne se réunissènt pas en pinceau, comme dans le
R. aquatilis, mais leurs divisions restent roides, diva-
riquées et disposées en cercle.

8. RANUNCULUS FLUITANS *Lam.*

R. carpellis circiter 25-30 , obovatis, magnis , glabris, super receptaculum sphæricum pilis destitutum aggregatis. — Foliis omnibus tri-bic'.otomè multifidis ; laciniis linearibus , complanatis plerumquè valdè protensis et ferè parallelis ; stipulis petiolo adnatis , superioribus latè rotundato-auriculatis , mediis exauriculatis.

A. FLUVIATILIS *nob.* Planta fluitans.

   α Genuinus. Caule giganteo ; laciniis foliorum longioribus , omnibus apice attenuatis.

     Fœniculus aquaticus Dalech. Lugd. 1023. f. 3 (malè)

     Millefolium aquaticum C. Bauh. Pin. 141.

     Polyanthemos aquatili albo affine J. Bauh. Hist. 3. p. 782.—Ray. Hist. 1. p. 586. n° 6.

     R. aquatilis albus fluitans peucedanifolius Tourn. Inst. 291.

     R. peucedanifolius All. Ped. n° 1469.

     R. aquatilis δ Lin. Sp. 782.—Smith Fl. Brit. 596.

     R. n° 1161 Hall. Helv. 2. p. 69.

     R. fluviatilis Willd. Fl. Berol. n° 592.—Crome in Hopp. bot. Tasch. 1802. p. 25—Wallr. Sched. 284.

     R. peucedanifolius Mœnch Meth. 214—Thuill. Fl. Par. éd. 2. p. 279.

     R. fluitans Lam. Fl. Fr. éd. 2. v. 3. p. 184. — Poir. Encycl. méth. t. 6. p. 132 —Rchb. Fl. exc. 719— Koch Deutsch. Fl. 4. p. 153 et Syn. p. 12.

     R. pantothrix γ peucedanifolius D. C. Syst. 1. p. 236

R. Hydrocharis B. homoiophyllus ρ peucedanifolius Spenn. Fl. Frib. 1009.

β *Tenuifolius nob.* Eadem ac præcedens , sed foliis tenuiùs dissectis.

γ. *Mappii nob. non Hagenb.* Planta sat magna , laciniis foliorum brevioribus , lacinulis mediis extremis foliorum superiorum eximiè dilatatis, incurvatis et *conjunctione suâ lunæ crescentis figuram ferè imitantia.* Mapp. Als. p. 265 ic α — Gmel. Bad. 2. p. 558.

B. TERRESTRIS *nob.* Planta terrestris, caule pygmæo, laciniis foliorum brevissimis, apice dilatatis.

R. Hydrocharis ε trisectus Spenn. Fl. Frib. 1009.

R. fluitans β Mappii Hagenb. Fl. Basil. 2. p. 71. (excl. syn. Mapp.)

Hab. var. A. α et β vulgatissimè in fluviis, nec non in aquis quietis, circà Nanceium et per universam Galliam ; var. A. γ propè Argentinam (ex Mappo); var. B rarissimè apud nos ad ripas Mortæ in locis hyeme inundatis (*in herb. Suard*)

Floret junio ; var. B ad finem augusti et septembris.

Carpella in capitulum globosum super receptaculum sphæricum pilis destitutum aggregata , rugis majoribus transversalibus exasperata , glabra , obovata cum carinâ superiore minimè convexâ inferioreque latè convexo-gibbosâ , turgida , longè suprà extremitatem externam longi diametri fructùs rostellata ; rostellum breve, obliquè adscendens , apice uncinatum , stigma parvum ovatum ferens , demùm antè maturitatem carpellorum

breviter sphacelatum et curtatum, parvum, compresso-
conicum. Stamina 18-25 , pistillis breviora ; antheræ
oblongæ. Petala 5 vel 6-9, plerumquè maxima , latè
obovato-cuneata , 11-15 venis aquosis percursa, calice
duplò triplòvc longiora. Sepala oblonga , obtusa , viridia , margine latè scariosa , glabra , patula. Pedunculus
protensus, folio sæpiùs longior , fistulosus , validus ,
primùm rectus , demùm inflexus. — Folia omnia lineari-
multifida , glabra ; in var. A. *fluviatilis* superiora breviter, inferiora verò longissimè petiolata, sectaque in
laciniis primariis tribus repetito furcellatis, valdè elongatis linearibus applanatis, apice attenuatis, ferè parallelis ; in var. B *terrestris* folia omnia æqualiter et sat
longè petiolata, trisectaque in laciniis brevibus, strictis,
obtusis , angustis , apice dilatatis , sæpiùs bi-trifidis et
angulo angusto divergentibus. Stipulæ pilis destitutæ ,
nec ciliatæ, fuscæ; inferiores emarcidæ, mediæ angusto-
elongatæ, petiolo adnatæ, exauriculatæ; superiores am-
plissimæ, latá obtusâque auriculá donatæ. Caulis in var.
A. α et β infernè submersus, supernè fluitans, perlongus et
sæpè 15-20 pedes longitudine æmulans, quàm in cæteris
speciebus validior et remotè foliosus; in var. B prostratus,
brevis , minus crassus etsi firmior , ad nodos densè foliosus ; in utrâque varietate teres, nec sulcatus, ramosus,
fibrillis radicalibus oppositifoliis infernè munitus.

REM. 1. — Nulle autre espèce n'a les carpelles aussi
gros et le bec proportionnellement aussi court. Les plis
latéraux que l'on remarque au bec dans le jeune âge se

prolongent tranversalement sur le fruit et circonscrivent pour ainsi dire son extrémité externe.

Rem. 2. — Les feuilles dans la var. A. α sont généralement un peu élargies au-dessous de chacune de leurs divisions.

Rem. 3. — On trouve quelquefois sur les bords de la Meurthe (*testibus Soyer-Willemet et Suard*) dans les lieux d'où l'eau s'est retiré depuis l'hiver une forme stérile de la var. B. *terrestris* remarquable par sa tige droite, extrêmement courte et néanmoins rameuse, portant un grand nombre de feuilles un peu plus grandes et plus divisées que dans la forme fleurie (V. F. VIII *g.*). C'est à n'en pas douter la même plante, mais jeune encore.

M. de Candolle, dans le Prodrome, n'ayant décrit dans la section des *batrachium* que des espèces européennes, j'avais cru que là devaient se borner mes recherches. M. le docteur Mougeot de Bruyères m'ayant communiqué, avec l'extrême obligeance qui le distingue, deux Renoncules nouvelles, qui appartiennent à cette section, j'ai dû également les faire connaître.

9. Ranunculus longirostris *Nob.*

R. carpellis 8-10, mediocribus, subglobosis, longissimè rostellatis, hirtis, super receptaculum sphæricum pílosum aggregatis. — Foliis omnibus pedato-multifidis, circumscriptione ferè orbiculatis; laciniis setaceis, laxè patulis, succulentis; stipulis abruptè angustatis, petiolo adnatis, breviter auriculatis.

Hab. in aquis fluentibus Americæ Borealis propè Saint Louis, Missouri *(Riehl pl. exs. n° 52 sub nomine R. divaricati Schranck)*.

Floret junio.

Carpella in capitellum globosum super receptaculum sphæricum pilosum aggregata, transversè rugulosa, hirta, turgida, subglobosa, ad extremitatem externam longi diametri fructûs rostellata; rostellum longitudinem carpelli adæquans, horizontaliter porrectum, flexuosum, versùs basin hirtum, stigma tenellum ferens, demùm ad maturitatem carpellorum breviter sphacelatum et curtatum. Stamina 12-15; antheræ obovatæ. Petala parva, obongo-obovata, 5-7 nervis aquosis munita, calyce duplò longiora. Sepala oblonga, ferè totaliter scariosa, glabra, patula. Pedunculus brevis, primùm rectus, deìn incurvo-deflexus. — Folia omnia sessilia, multifida cum laciniis primariis pedatis, omnibus setaceis, brevibus, acutiusculis, laxè divaricatis et in orbem ferè dispositis. Stipulæ villosæ, fuscæ, parvæ, basi caulem amplectentes, mox abruptè angustatæ, petiolo adnatæ, brevissimè auriculatæ. Caulis immersus, haud elongatus, gracilis, minimè ramosus, densè foliosus, basi repens et radicellis fibrosis elongatis oppositifoliis terræ adfixus.

10.— RANUNCULUS RIGIDUS *Nob. non Hoffm. nec Pers.*

R. carpellis circiter 40, oblongis, parvis, hirtis, super receptaculum sphæricum pilosum aggregatis.—Foliis omnibus tri-bichotomè multifidis; laciniis setaceis, teretiusculis, in penicillum rigidè congestis; stipulis parvis, à medio petiolo adnatis, apice rotundato-auriculatis.

Hab. ad Cap. Bon. Sp. (*Drège pl. Cap. exs.*).

Carpella in capitulum globosum super receptaculum sphæricum pilosum densè congesta, transversè rugosa, hirta, oblonga, basi attenuata (similiter ac in R. Baudotii), suprà extremitatem externam longi diametri fructûs rostellata; rostellum sat longum, gracile, horizontaliter positum, et sæpè apice inflexum, stigma tenellum ferens, demùm ad maturitatem carpellorum sphacelatum et curtatum. Stamina.....; antheræ oblongæ. Petala parva, obovato-cuneata, 5 7 venis aquosis percursa, calyce longiora. Sepala oblonga, acutiuscula, margine latè scariosa, glabra, patula. Pedunculus primùm rigidè rectus, deìn leviter incurvus. — Folia omnia sessilia, multifida cum laciniis primariis trichotomis, omnibus setaceis, teretìusculis, pilis quibusdam versùs apicem armatis, rigidis et in penicillum congestis. Stipulæ angustæ, parvæ, villosæ, fuscæ, petiolo basi adnatæ, longè et scariosè auriculatæ; inferiores emarcidæ, auriculá destitutæ. Caulis elongatus, simplex, strictus.

EXPLICATION DES FIGURES.

Fɪɢ. 1.   R. hederaceus *Lin*.

   a. Carpelle mur vu sous deux faces et grossi.

   b. Partie externe d'un carpelle bien avant la maturité.

   c. Portion de tige avec fleur et feuille de la variété A,
     α *genuinus*.

   d. Portion de tige avec capitule de fruits et feuille de
     la variété B *microphyllus*.

Fɪɢ. II.   R. Lenormandi *Schultz*.

   a. Carpelle mur vu sous deux faces et grossi.

   b. Extrémité externe d'un carpelle bien avant la ma-
     turité.

   c. Portion de tige avec feuille et fleur.

Fɪɢ. III.   R. tripartitus D. C.

   a. Carpelle mur vu sous deux faces et grossi.

   b. Extrémité externe d'un carpelle bien avant la ma-
     turité.

   c. Portion de tige de la variété B *obtusiflorus*.

   d. Portion de tige de la variété A *micranthus*.

   e. Portion de tige avec une des feuilles submergées.

Fɪɢ. IV.   R. Baudotii *Nob*.

   a. Carpelle mur vu sous deux faces et grossi.

   b. L'extrémité externe d'un carpelle non mur vu sous
     deux faces.

   c. Portion de tige avec une fleur et une feuille su-
     périeure.

   d. Portion de tige avec un pédoncule terminé par le
     réceptacle dépourvu de carpelle, et avec une feuille
     du milieu.

   e. Portion de tige avec une feuille inférieure.

Fɪɢ. V.   R. aquatilis *Lin*.

a'.—a''. Carpelle mur vu sous deux faces et grossi.

b. Extrémité externe d'un carpelle avant la maturité.

c. Feuille supérieure de la forme *pseudo-peltatus.*

d. Feuille supérieure de la forme *reniformis.*

e. Feuille supérieure de la forme *quinquelobus.*

f. Feuille supérieure de la forme *truncatus.*

g. Feuille supérieure de la forme *tripartitus.*

h. Feuille supérieure de la var. C. *aquaticus homoio-phyllus.*

F_{IG}. VI.   R. cæspitosus *Thuill.*

a. Carpelle mur vu sous deux faces et grossi.

b. Extrémité externe d'un carpelle avant la maturité.

c. Portion de tige avec fleur et feuille.

F_{IG}. VII.   R. divaricatus *Schranck.*

a. Carpelle mur vu sous deux faces et grossi.

b. Extrémité externe d'un carpelle bien avant la maturité.

c. Portion de tige avec feuille.

F_{IG}. VIII. R. fluitans *Lam.*

a. Carpelle mur vu sous deux faces et grossi.

b. Extrémité externe d'un carpelle avant la maturité.

c. Portion de tige avec feuille et fleur de la var. A, α *genuinus.*

d. Stipule de la partie supérieure de la tige.

e. Lanières supérieures d'une feuille de la var. A, γ *Mappii.*

f. Var. B *terrestris.*

g. La même avant son entier développement.

F_{IG}. IX.   R. longirostris *Nob.*

a. Carpelle mur, grossi.

b. Portion de tige avec feuille.

F_{IG}. X.   R. rigidus *Nob.*

a. Carpelle mur, grossi.

b. Portion de tige avec feuille.

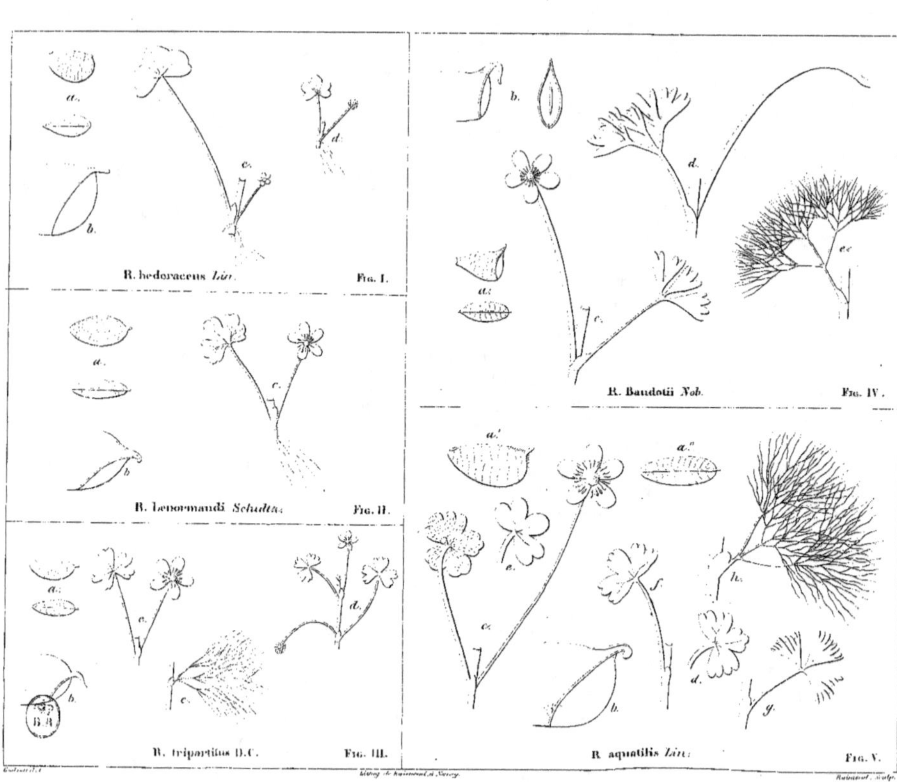

R. hederaceus Lin.
Fig. I.
R. Lenormandi Schultz.
Fig. II.
R. tripartitus D.C.
Fig. III.
R. Baudotii Nob.
Fig. IV.
R. aquatilis Lin.
Fig. V.

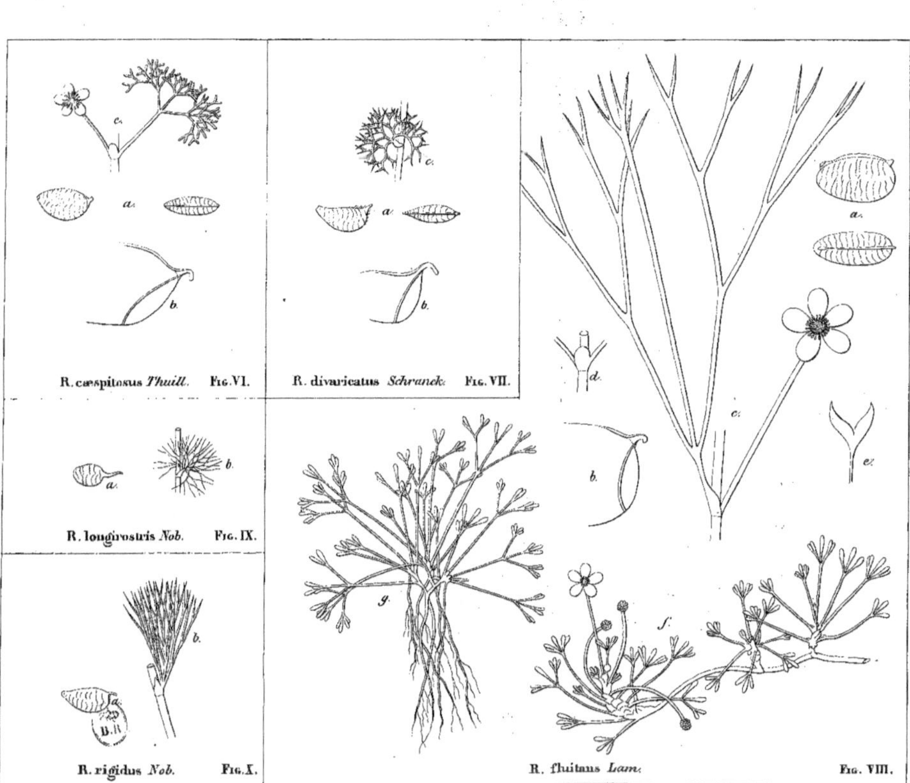

R. cæspitosus *Thuill.*   Fig. VI.

R. divaricatus *Schranck*   Fig. VII.

R. longirostris *Nob.*   Fig. IX.

R. rigidus *Nob.*   Fig. X.

R. fluitans *Lam.*   Fig. VIII.